RAPPORT

SUR

UNE MISSION ASTRONOMIQUE

EN ITALIE.

RAPPORT

SUR

UNE MISSION ASTRONOMIQUE

EN ITALIE,

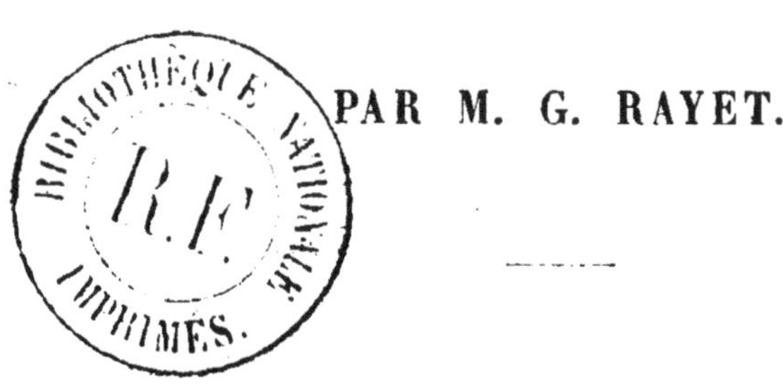

PAR M. G. RAYET.

EXTRAIT DES ARCHIVES DES MISSIONS SCIENTIFIQUES ET LITTÉRAIRES.

TROISIÈME SÉRIE. — TOME TROISIÈME.

PARIS.

IMPRIMERIE NATIONALE.

M DCCC LXXVI.

RAPPORT

SUR

UNE MISSION ASTRONOMIQUE

EN ITALIE.

Monsieur le Ministre,

Par un arrêté en date du 2 août dernier, vous avez bien voulu me charger d'une mission astronomique dans les principaux observatoires d'Italie; c'est sur cette mission que j'ai l'honneur de vous adresser aujourd'hui un premier rapport sommaire. L'accueil empressé qui m'a été fait dans tous les observatoires, la complaisance avec laquelle les directeurs de tous ces établissements ont mis leurs instruments à ma disposition et m'ont ouvert leurs archives, m'a en effet mis à même de recueillir un très-grand nombre de faits, de rassembler une masse considérable de documents, la plupart peu connus en France, et dont je compte profiter pour écrire une histoire détaillée des progrès de l'astronomie italienne depuis la fin du siècle dernier. Un travail aussi étendu ne peut être l'œuvre de quelques semaines, et je croirais, Monsieur le Ministre, mal répondre à vos intentions en ajournant jusqu'à la publication de ce volume le compte rendu de ma mission.

Dans le cours de mon voyage en Italie, j'ai successivement visité, en y faisant un séjour plus ou moins long, les observatoires de Palerme, Naples, Rome (deux observatoires, celui du Collége Romain et celui du Capitole), Florence, Bologne, Modène, Padoue, Milan, et Turin. On compte donc en Italie dix observatoires, soit environ trois fois plus qu'en France, et, si l'on s'en rapporte aux conclusions du congrès astronomique de Palerme[1], il est dans les intentions

[1] Appendice al volume IV delle *Memorie della Società degli spettroscopisti italiani*, p. 37 et suivantes.

du Gouvernement de les conserver tous en les développant dans des sens différents de manière à donner satisfaction aux besoins multiples de la science astronomique, aujourd'hui divisée en tant de branches distinctes. Aucun de ces observatoires, celui de Naples excepté, ne compte un personnel considérable, et nulle part le travail ne s'y trouve assujetti à une réglementation stricte; chaque astronome étudie, suivant ses aptitudes, une question de son choix, et l'émulation, le désir de se faire un nom dans la science, assurent partout une continuité d'efforts qui, depuis quelques années, s'est manifestée par de brillantes découvertes. Il me suffira pour le montrer d'indiquer brièvement la situation et les travaux actuels de chacun de ces observatoires.

I.

OBSERVATOIRE DE PALERME.

Directeur : M. G. Cacciatore. — Astronome : M. Tacchini.

L'observatoire de Palerme est situé sur le haut du Palais-Royal et repose sur une tour (torre Pisana ou torre di Santa Ninfa) dont la fondation remonte à l'époque des Normands. Il renferme deux instruments importants : un cercle méridien dont l'objectif a 126 millimètres de diamètre et qui a été construit en 1857 par Pistor et Martins; un équatorial de Merz, de 24 centimètres d'ouverture, et qui date de la même époque, quoiqu'il n'ait été installé qu'en 1865.

Le cercle méridien, employé journellement aux observations du soleil et des principales étoiles, a servi il y a cinq ans (13 novembre 1869–31 janvier 1870) aux observations nécessaires pour la détermination de la différence de longitude entre Naples et Palerme, qui doit servir de point astronomique fondamental pour la construction de la nouvelle carte topographique de la Sicile.

Mais l'œuvre principale de l'observatoire de Palerme, et de M. Tacchini en particulier, est l'étude journalière des protubérances solaires.

Depuis l'éclipse totale de soleil du 18 août 1868, que MM. Janssen, Stephan et moi-même avons été observer dans l'Inde et à Malacca, depuis les beaux travaux entrepris à la suite de ce phénomène par MM. Lockyer et Janssen, on sait que les protubérances solaires peuvent être observées au spectroscope sans attendre la circonstance toujours rare d'une éclipse totale. A partir de cette époque, un grand nombre d'astronomes, M. Lockyer, le R. P. Secchi, moi-même, lorsque j'étais à l'observatoire de Paris, M. Respighi, M. Tacchini, M. Young et bien d'autres se sont mis à observer journellement les protubérances dans le but d'étudier leur distribution sur le pourtour du soleil et les relations de cette distribution avec les taches solaires; c'est en Italie surtout que ces études ont été menées avec ardeur, et, pour se mettre à l'abri des interruptions que peut provoquer le mauvais état du ciel, les observatoires de Palerme, de Rome et de Padoue se sont associés pour faire ce travail en commun.

Chaque jour donc, lorsque le temps le permet, M. Tacchini fait un dessin des protubérances du bord du soleil et des taches ou facules qui se montrent sur la surface de cet astre. Ces dessins, ainsi que ceux faits à Rome et à Padoue, sont ensuite publiés dans les mémoires de la Société italienne de spectroscopie[1].

Pour ces études, M. Tacchini fait usage du grand équatorial de l'observatoire et d'un spectroscope à vision directe, construit par Tauber, de Leipzig, et formé de deux séries de cinq prismes; ces prismes sont d'une perfection rare; car, malgré leur nombre, ils ne communiquent aucune distorsion aux lignes du spectre. Le spectroscope tout entier tourne sur lui-même par l'intermédiaire d'une roue dentée et d'un pignon, en sorte que sa fente peut facilement être placée tangentiellement à un point quelconque du bord du soleil.

Pendant mon séjour à Palerme, MM. Cacciatore et Tacchini ont bien voulu me laisser observer chaque jour à cet instrument, et j'ai pu me convaincre que, par suite de la perfection de l'objectif de l'équatorial et de la qualité supérieure des prismes, les images des protubérances avaient un éclat et une netteté vraiment remarquables.

Outre les deux instruments dont je viens de parler, l'observatoire de Palerme possède encore quelques appareils de moindre importance, lunettes portatives, chronographes et pendules, et un instrument ancien des plus intéressants au point de vue historique; je veux parler du cercle d'azimut et de hauteur construit

[1] Les *Memorie della Società degli spettroscopisti italiani*, raccolte e pubblicate per cura del prof. Tacchini, commencées en 1872, forment déjà quatre gros volumes in-quarto.

par Ramsden (1788-1789) et qui a servi au R. P. Piazzi pour dresser, dans les premières années de ce siècle, un catalogue d'étoiles universellement admiré des astronomes de l'époque et encore souvent consulté aujourd'hui.

II.

OBSERVATOIRE DE NAPLES.

Directeur : M. A. de Gasparis. — Astronomes : MM. Fergola, Brioschi, Nobile.

Parmi les observatoires d'Italie, celui de Naples est le plus important au point de vue du personnel et des ressources matérielles. Par sa position au sommet d'une colline, colline de Miradois, l'établissement de Capodimonte jouit d'une situation tout à fait favorable au point de vue des observations astronomiques. L'horizon est devant lui dégagé de tout obstacle, et le très-grand jardin qui l'environne de toutes parts le met à l'abri des effets fâcheux de l'éclairage des becs de gaz et des trépidations engendrées par le mouvement incessant d'une cité populeuse.

L'observatoire de Capodimonte a été fondé en 1812 par le roi Murat, et sa disposition intérieure est conçue au point de vue des exigences de l'astronomie moderne. Les instruments y sont nombreux et entretenus dans un état parfait par les soins d'un mécanicien qui demeure à l'observatoire.

Dans la première salle méridienne, celle de l'ouest, on voit encore une lunette méridienne de Reichenbach (ouverture de l'objectif 117 millimètres) et un cercle méridien du même artiste (ouverture de l'objectif 108 millimètres), l'un et l'autre encore en usage aujourd'hui, enfin plusieurs pendules ordinaires ou électriques et un système complet de chronographes de Hipp avec lesquels M. Fergola a, dans ces dernières années, déterminé toute une série de différences de longitude [1].

Dans la seconde salle méridienne, celle de l'est, se trouve un instrument unique, un cercle méridien de Repsold, dont l'installation est à peine terminée, et qui doit compter parmi les meilleurs de ceux qui sont sortis des ateliers du célèbre constructeur de Hambourg. La lunette a un objectif de 163 millimètres d'ouver-

[1] Longitude de Naples et Rome en janvier 1869. — Longitude de Naples et Palerme d'octobre 1869 à janvier 1870.

ture et une distance focale de 2 mètres; le cercle gradué, unique, a 1 mètre de diamètre, et les lectures s'y font au moyen d'un système de quatre microscopes; l'appareil tout entier est susceptible de retournement, en sorte qu'il peut donner les positions absolues des étoiles. C'est avec cet instrument que M. Fergola, premier astronome, compte terminer le catalogue des étoiles de la portion du ciel que l'observatoire de Naples s'est chargé d'explorer au nom de la Société astronomique allemande.

Outre les trois instruments méridiens dont je viens de parler, l'observatoire de Naples a encore en activité deux équatoriaux et compte en acquérir bientôt un troisième de plus grande importance.

Le premier de ces instruments est une machine parallactique construite en 1811 par Reichenbach et Utschneider, dont la lunette a 83 millimètres d'ouverture; c'est avec lui que, de 1849 à 1865, M. de Gasparis a découvert neuf petites planètes[1]. Pour un pareil tour de force, il a fallu l'habileté vraiment merveilleuse du sympathique directeur de l'observatoire.

La seconde machine parallactique est un équatorial de monture dite allemande, construit par Merz, de Munich; la lunette a 134 millimètres d'ouverture libre et $2^{m},06$ de distance focale. L'objectif est d'une forme si parfaite que, malgré ses faibles dimensions, M. A. Nobile peut l'employer, avec un succès dont témoignent plusieurs mémoires importants, à des mesures d'étoiles doubles du catalogue de Struve[2].

A l'époque de mon passage à Naples, l'observatoire était à la veille d'obtenir du Gouvernement les fonds nécessaires à la construction et à l'établissement d'un équatorial de 12 pouces d'ouverture.

Outre les travaux astronomiques précédents, on poursuit à Naples, sous l'habile direction de M. J. Brioschi, des observations météorologiques pour lesquelles on fait usage d'une série complète d'instruments enregistreurs.

[1] Hygie, le 14 avril 1849; Parthénope, le 11 mai 1850; Égérie, le 2 novembre 1850; Eunomia, le 29 juillet 1851; Psyché, le 17 mars 1852; Massalia, le 19 septembre 1852; Thémis, le 6 avril 1853; Ausonia, le 10 février 1861; Béatrix, le 26 avril 1865.

[2] Misure di angoli di posizione di alcuni sistemi di stelle multiple. Atti della R. Accademia di Napoli. Gennajo 1875.

III.

OBSERVATOIRE DU COLLÉGE ROMAIN.

Directeur : le R. P. Secchi. — Astronome : le R. P. Ferrari.

L'observatoire que dirige actuellement le R. P. Secchi est situé au centre de la ville, dans les bàtiments du Collége Romain. Les diverses pièces indépendantes qui le composent sont construites sur les piliers et sur les murs de la coupole de l'église de Saint-Ignace, qui fait partie des dépendances du collége; quoique situé à une grande hauteur et au voisinage de l'une des rues les plus fréquentées de Rome (le Corso), la stabilité des instruments y est, la nuit au moins, aussi satisfaisante que possible, et, dans tous les cas, parfaitement suffisante pour les études de physique céleste que poursuit avec tant de succès le R. P. Secchi.

L'instrument principal de l'observatoire est un équatorial dont la lunette a 7 pouces $\frac{1}{2}$ d'ouverture, et qui est un des chefs-d'œuvre de Merz. L'appareil, mobile suivant le mouvement diurne à l'aide d'un système d'horlogerie à pendule conique, est enfermé dans une coupole cylindrique qui roule sur des boulets.

L'observatoire du Collége Romain possède encore un équatorial de Cauchoix, de 5 pouces d'ouverture, qui sert journellement à l'étude de la position et de la configuration des taches solaires, et une lunette méridienne d'Ertel (ouverture 92 millimètres) destinée à obtenir l'heure.

La position de l'établissement dans le centre de la ville, et sur une construction élevée, rendait difficile d'y faire des observations méridiennes suivies; aussi, son illustre directeur a-t-il cru devoir consacrer ses efforts à l'étude de l'astronomie physique, trop négligée, dit-il, dans les observatoires officiels. Il serait trop long de rappeler ici tous les magnifiques travaux exécutés dans cette voie par le R. P. Secchi; mais il me semble opportun de signaler la nouvelle méthode expérimentale dont il se sert aujourd'hui pour l'étude des protubérances.

Pour observer les protubérances en plein jour, on fait tomber la lumière des bords du soleil sur la fente, convenablement élargie, d'un spectroscope à plusieurs prismes, et on voit alors dans la partie rouge du spectre une image nette de ces protubérances. La théorie indique que les prismes peuvent être remplacés par tout autre appareil de physique propre à produire un spectre, par exemple par des réseaux. Depuis plus d'un an, la substitution aux prismes de réseaux transparents sur verre a été tentée avec succès par les frères Brunner, constructeurs d'instruments de précision à Paris. Le R. P. Secchi a, lui, employé dans le même but, depuis août 1875, un réseau à réflexion, tracé sur métal des miroirs par M. Rutherfurd. Ce réseau renferme 4 000 traits sur une longueur de 1 pouce anglais et donne un spectre dont la netteté ne laisse rien à désirer.

Pendant mon séjour à Rome, j'ai passé plusieurs matinées à observer les protubérances à l'aide de ce réseau, et je dois dire ici que ces flammes apparaissaient avec une netteté de beaucoup supérieure à tout ce que j'avais vu auparavant. On distinguait jusqu'aux plus petits accidents de ces éruptions, sans cesse changeantes, et cela même par un ciel de transparence médiocre. Pour l'étude de l'image rouge des protubérances, le réseau me paraît infiniment supérieur à toute espèce de combinaisons de prismes.

IV.

OBSERVATOIRE DU CAPITOLE.

Directeur : M. Respighi. — Assistant : M. Scarpellini.

Le second observatoire de Rome, celui du Capitole, dépend de l'*Accademia dei Nuovi Lincei,* et a pour directeur M. Respighi. L'observatoire est installé au sommet et dans la partie sud-est des bâtiments du palais du Capitole; par suite de la topographie du quartier qui l'avoisine, il se trouve préservé des vibrations dues au mouvement des voitures, et les instruments y sont assez calmes pour que les opérations astronomiques les plus délicates, comme celle de la détermination du nadir et l'observation des étoiles par réflexion sur le bain de mercure, soient possibles à toute heure du jour. L'horizon est d'ailleurs entièrement découvert, de sorte que, si l'emplacement se prêtait à une disposition plus régulière des instruments, l'observatoire pourrait être considéré comme très-favorablement situé pour les observations de précision.

Après avoir été presque abandonné pendant quelques années, l'observatoire du Capitole reprend aujourd'hui une nouvelle vie, grâce aux efforts énergiques de son savant et jeune directeur. A l'époque de mon passage, M. Respighi était occupé à la continuation de ses recherches sur les protubérances solaires et à des observations méridiennes devant servir à la rédaction d'un catalogue d'étoiles.

Pour les premières études, M. Respighi fait usage d'un équatorial de Merz dont l'objectif a 4 pouces $\frac{1}{3}$ de diamètre et d'un spectroscope à vision directe composé de cinq prismes très-dispersifs. La fente du spectroscope est formée par deux lèvres d'acier poli, mobiles toutes deux à l'aide d'une même vis, de sorte que le centre de la fente occupe toujours la même position. Par suite de la longueur focale de la lunette équatoriale et des dimensions du prisme, l'image spectroscopique des protubérances est fort petite, mais un oculaire positif de très-court foyer leur donne pour l'œil une grandeur apparente suffisante pour distinguer les détails les plus délicats. Après avoir longuement discuté avec M. Respighi les inconvénients et les mérites de la combinaison optique de son instrument, il me paraît que cette combinaison est des plus convenables lorsqu'il s'agit de recherches sur la distribution des protubérances et sur leur inclinaison par rapport au bord solaire, car elle permet de voir la protubérance en entier, avec une ouverture minime de la fente; mais que, pour des études sur la structure intime de ces flammes, une lunette à plus long foyer serait préférable.

A côté de ces études d'astronomie physique, M. Respighi poursuit avec un beau cercle méridien d'Ertel l'observation des étoiles de la première jusqu'à la sixième grandeur, dans le but d'obtenir la position exacte de ceux de ces astres que les officiers de l'état-major italien doivent ensuite employer dans leurs opérations géodésiques.

J'ai aussi vu à l'observatoire du Capitole une lunette zénithale à réflexion, construite par Ertel, et d'une disposition toute spéciale due à M. Respighi lui-même; c'est une sorte de lunette méridienne de 108 millimètres de diamètre, pourvue d'un oculaire renfermant trois groupes de fils de déclinaison. Le bain de mercure, par l'intermédiaire duquel on observe les étoiles, est situé à 21 mètres environ au-dessous de l'objectif qui alors ne masque pour lui qu'une région très-étroite du ciel. On peut donc voir dans la lunette, dirigée vers le nadir, des étoiles très-voisines du zénith et les pointer avec les fils de déclinaison au moment de leur passage au méridien; il est d'ailleurs évident qu'au même instant, et sans toucher à l'instrument, il sera facile de faire l'opération du nadir, en sorte que la distance zénithale de l'étoile se trouvera mesurée à l'aide de la vis micrométrique seule et avec l'extrême précision que comporte ce procédé d'observation.

Si l'étoile sur laquelle on opère a une déclinaison connue, l'observation donnera immédiatement la latitude, et cela avec une grande exactitude. C'est par ce moyen que M. Respighi a déterminé, il y a deux ans, la latitude de Monte-Mario.

V.

OBSERVATOIRE DE FLORENCE.

Assistant : M. Tempel.

L'ancien observatoire de Florence était situé au sommet d'une tour rectangulaire qui forme l'angle nord-est du Musée d'histoire naturelle. Il dominait une partie du palais Pitti et les jardins Boboli; mais son horizon se trouvait masqué vers l'est par quelques arbres fort élevés et des édifices publics. D'un autre côté, le bâtiment n'étant pas le moins du monde orienté suivant le méridien, il en résultait de grandes difficultés pour l'installation des instruments. La translation de l'observatoire à la campagne, sur une des collines qui dominent la ville, était donc désirée de tous les astronomes, et ce fut un des bonheurs des dernières années de la vie de Donati que de pouvoir obtenir les fonds indispensables à la construction d'un nouvel et magnifique établissement à Arcetri, dans le voisinage immédiat de la maison autrefois habitée par Galilée.

L'ancien observatoire, aujourd'hui presque complétement détruit, ne renferme plus que des instruments météorologiques et les bureaux du service météorologique italien habilement dirigé par le professeur Pitti.

L'observatoire d'Arcetri est, de son côté, presque terminé et quelques instruments y sont déjà installés.

On arrive à Arcetri par le côté sud de la colline, et on trouve immédiatement à gauche, précédant l'observatoire, une tourelle à coupole hémisphérique qui renferme une lunette de Frauenhofer, de 3 pouces d'ouverture, montée équatorialement dans l'Officina Galilei; la lunette paraît excellente, mais sa monture laisse à désirer à plusieurs points de vue. Néanmoins l'instrument est propre à la recherche des comètes.

Dans le grand bâtiment même, qui doit renfermer le logement des astronomes et les principaux instruments, la salle méridienne est encore privée des lunettes qui doivent y être placées; on n'y voit qu'un tout petit instrument méridien portatif juste suffisant pour avoir l'heure.

Au-dessus et au centre de l'édifice, s'élève une vaste coupole cylindrique qui renferme le plus grand instrument de l'observatoire, un équatorial dont l'objectif, construit par le célèbre Amici, a 11 pouces de diamètre, et dont la monture a été faite à Florence même sous la direction de Donati. A cette monture manquent encore plusieurs accessoires importants, mais l'instrument a déjà assez servi à M. Tempel pour qu'on ait la preuve de ses excellentes qualités optiques et de la transparence parfaite de ses verres.

L'observatoire d'Arcetri est donc encore dans la période de construction, mais il ne tardera pas à être terminé, et si les projets des astronomes et de la municipalité de Florence sont, comme on est en droit de l'espérer, approuvés par le Gouvernement italien, il comptera parmi les mieux dotés de toute l'Europe. Son équatorial d'Amici peut en effet rivaliser avec les grands équatoriaux de Pulkowa, de Greenwich et de Paris, et on doit construire pour lui un instrument méridien ayant 7 pouces d'ouverture et dont le prix total sera de 70,000 francs environ, car il doit posséder une haute exactitude et être pourvu des moyens de vérification les plus parfaits. On doit en outre installer dans la salle méridienne un second instrument des passages de dimensions un peu moindres.

Pour mettre en œuvre toutes ces ressources, on songe à donner à Arcetri un personnel composé d'un directeur et de cinq astronomes. Par la beauté de ses instruments, par le nombre des savants qui y seront attachés, l'observatoire de Florence deviendra alors le plus important de tous ceux d'Italie.

VI.

OBSERVATOIRE DE BOLOGNE.

Directeur : M. Palagi.

L'observatoire de l'université de Bologne, un des plus anciens d'Italie, est, comme tous les observatoires du siècle dernier, placé au sommet d'une tour élevée, ce qui crée des difficultés spéciales pour l'installation des instruments et pour les observations de précision. Il est probable qu'à la suite de l'agitation qui se produit aujourd'hui en Italie autour des questions astronomiques et météorologiques l'observatoire de Bologne dirigera ses efforts vers les recherches d'astronomie physique.

Le principal instrument que possède cet établissement est un cercle méridien de 42 lignes d'ouverture, construit en 1849 par Ertel, et installé en 1851. Cet appareil présente une particularité qui ne se retrouve pas, en général, dans les instruments du même genre sortis des ateliers de l'Institut technique de Vienne; les cercles de déclinaison placés sur les tourillons est et ouest sont l'un et l'autre gradués, ce qui permet, au moment du retournement, de ne point déplacer le cercle qui porte les verniers et les microscopes. Cet instrument ne m'a pas paru avoir servi depuis longtemps.

Il y a encore à Bologne un équatorial de Dollond de 3 pouces d'ouverture, qui sert à l'observation de quelques comètes.

J'ai enfin remarqué dans les cabinets toute une nombreuse collection d'instruments historiques d'un haut intérêt.

VII.

OBSERVATOIRE DE MODÈNE.

Directeur : M. Ragona.

Modène est une ville d'astronomes; c'est là ou dans les environs que sont nés Amici, le R. P. Secchi, M. Tacchini, le R. P. Ferrari, etc. L'observatoire du Palais-Ducal est, comme le précédent, en voie de transformation. Fondé en 1819 par Bianchi et pourvu des meilleurs instruments de l'époque, il tend, avec son directeur actuel, M. Ragona, à devenir la station météorologique centrale de l'Émilie et des pays voisins. Le cercle méridien de 3 pieds de diamètre avec un objectif de 4 pouces d'ouverture, que Reichenbach et Frauenhofer ont construit pour lui en 1819, aurait besoin, pour être à la hauteur des exigences de la science moderne, de plusieurs modifications dispendieuses. L'équatorial d'Amici, de 2 pouces $\frac{1}{3}$ d'ouverture, est aussi de dimensions trop faibles pour pouvoir être très-utilement employé, même à des recherches de comètes ou de planètes.

Si les instruments astronomiques laissent ainsi à désirer, l'observatoire possède, en revanche, une très-riche et très-remarquable collection d'appareils météorologiques et magnétiques, la plupart construits sur les plans de M. Ragona. Parmi eux, je citerai un baromètre métallique enrégistreur et un psychromètre, également enrégistreur, formé de deux thermomètres métalliques à spirales, l'un sec, l'autre humide.

VIII.

OBSERVATOIRE DE PADOUE.

Directeur : M. Santini. — Astronome : M. Lorenzoni.

L'observatoire de Padoue date de l'époque (1774) où cette cite était placée sous le protectorat de Venise, et où la puissante république attirait dans son université les professeurs les plus célèbres: il est situé à l'angle sud-ouest de la dernière des îles formées par le Bacchiglione, et occupe, ainsi que le rappelle une inscription rédigée par Boscowich, une des tours de l'ancienne forteresse d'Eccelino III. Entouré d'eau de deux côtés, l'établissement, auquel on arrive par un pont de briques, est à l'abri de toutes les trépidations et propre à l'exécution des observations les plus précises; les nombreux catalogues d'étoiles publiés par son vénérable directeur, doyen des astronomes de l'Europe, et aujourd'hui mis par son grand âge hors d'état de continuer ses travaux, en témoignent suffisamment.

Les instruments principaux de l'observatoire sont un cercle méridien et un équatorial.

Le cercle méridien, construit en 1837 par Starke, est pourvu d'un objectif de Merz ayant 117 millimètres d'ouverture et d'un cercle gradué de 1 mètre de diamètre; il permet d'observer les étoiles jusqu'à la neuvième et même la dixième grandeur. Pour obtenir ce dernier résultat, il faut toutefois observer avec un champ obscur et des fils brillants. Le système employé pour cela par Starke est tout spécial et n'a été mis en usage que dans un très-petit nombre d'instruments : il consiste à placer, dans le tourillon par lequel arrive la lumière, des fils métalliques parfaitement polis qui, éclairés obliquement, apparaissent comme des traits brillants, et dont on projette ensuite une image au voisinage des fils d'araignée du micromètre ordinaire. Ce cercle, vraiment magnifique et entretenu avec un soin tout particulier, a servi, il y a quelques années, à une révision des zones de Bessel et est employé aujourd'hui à des observations régulières du soleil, des planètes et des principales étoiles.

L'équatorial, également de Starke, a douze centimètres d'ouverture et une longueur focale de 2 mètres; il est pourvu d'un mouvement d'horlogerie très-parfait. On peut y ajouter un spectroscope d'Hoffmann. C'est avec l'ensemble de ces deux instruments que M. Lorenzoni observe chaque jour les protubérances solaires et remplit ainsi la tâche qui incombe à l'observatoire de Padoue par suite de son association à la Société des spectroscopistes italiens.

Parmi les instruments historiques, nombreux à Padoue, je mentionnerai un cadran mural de Ramsden de 8 pieds anglais de rayon, un instrument de passage de Utschneider et Reichenbach, et un grand cercle multiplicateur de ce dernier artiste.

IX.

OBSERVATOIRE DE MILAN.

Directeur : M. Schiaparelli. — Astronome : M. Celoria.

L'observatoire de Milan est un des plus anciens d'Italie; sa fondation dans les bâtiments du palais Bréra remonte à l'année 1760. Depuis, il a successivement compté parmi ses directeurs les astronomes les plus célèbres de la péninsule, le P. Boscowich, Oriani, Cesaris, Carlini, et parmi ses élèves un grand nombre de savants italiens ou étrangers; c'est qu'en effet les éphémérides de Milan ont été pendant longtemps un des recueils astronomiques les plus estimés tant à cause de l'exactitude des calculs de la position des astres que pour les mémoires qu'y ajoutaient Oriani ou Cesaris et, dans ces dernières années, leur digne successeur M. Schiaparelli.

L'observatoire de Milan a, depuis le P. Boscowich, qui en avait autrefois donné le plan, subi une transformation presque complète; il se compose aujourd'hui de deux cabinets, éloignés l'un de l'autre, et destinés, l'un aux observations méridiennes, l'autre aux observations équatoriales.

L'équatorial, construit par Merz, est installé depuis le mois de février 1875 seulement; sa monture est de forme dite allemande, avec un pilier en fonte. L'objectif a 218 millimètres d'ouverture avec une distance focale de $3^{m},20$, et sa perfection est assez grande pour qu'il soit possible de faire utilement, et cela d'une manière courante, usage d'un grossissement de 700 fois. Une autre preuve de sa bonté résulte de ce que M. Schiaparelli a pu y observer en 1874 la comète de Winnecke, alors qu'elle n'avait encore été vue que dans le grand télescope de l'observatoire de Marseille. M. Schiaparelli destine cet instrument à la réobservation des étoiles doubles du catalogue de Struve, et, dans cette intention, il était, à l'époque de mon séjour à Milan, occupé à déterminer les constantes instrumentales et à réduire ses premières observations.

Le cercle méridien, construit par Starke, a un objectif de 4 pouces d'ouverture avec 5 pieds de distance focale. Il est du système de Reichenbach, avec un cercle alidade intérieur et un cercle extérieur divisé. Comme ce mode de construction offre quelques inconvénients, on est aujourd'hui en train de le modifier. Le cercle divisé sera fixé sur l'axe, et les lectures se feront à l'aide de quatre grands microscopes. Aussitôt ces réparations terminées, le cercle sera remis entre les mains de M. Celoria qui compte l'employer à l'observation, assidue et un très-grand nombre de fois répétée, de quelques étoiles équatoriales.

Il existe en outre à l'observatoire de Milan, servant à donner l'heure, une ancienne lunette méridienne de Reichenbach, un grand nombre d'instruments historiques ayant servi soit à Boscowich, soit à Cesaris, soit à Cagnoli, et enfin un cercle répétiteur qui a pour nous un intérêt particulier parce qu'il est français : je veux parler du cercle de Lenoir dont Méchain s'est servi à Barcelone et à Montjouich dans sa première expédition en Espagne. Ce qui le fait reconnaître avec certitude, c'est une erreur dans la chiffraison de la graduation dont parle Méchain dans ses mémoires.

A Milan comme à Palerme et à Naples, on songe à un agrandissement de l'observatoire; M. Schiaparelli fait aujourd'hui des projets pour l'acquisition d'un grand instrument méridien et d'un puissant équatorial. Nul doute que l'un au moins de ces deux instruments ne soit accordé au savant et populaire directeur de l'observatoire de Bréra, qui saura certainement le rendre utile à la science.

X.

OBSERVATOIRE DE TURIN.

Directeur : M. Dorna. — Assistant : M. Charrier.

L'observatoire actuel de Turin a été construit en 1820 sur le haut de la tour nord-ouest du Palais-Madame, dans une situation où il domine tous les édifices voisins. Jusqu'à la fin de 1864, il a été dirigé par l'illustre géomètre Plana, et depuis cette époque il dépend de l'Université, et a pour directeur le professeur d'astronomie M. Dorna.

L'observatoire, qui s'enrichit tous les jours de nouveaux appareils, renferme aujourd'hui :

1° Un cercle méridien de Reichenbach dont la lunette, construite par Frauenhofer, a 12 centimètres d'ouverture, et le cercle gradué 1 mètre de diamètre. Cet excellent instrument est employé à des observations régulières du soleil et des étoiles, faites afin d'obtenir l'heure, qui est ensuite signalée à la ville par la chute d'un *Time ball* dressé sur le sommet du bâtiment.

2° Un chercheur de comètes de 12 centimètres d'ouverture avec 82 centimètres de foyer, monté parallactiquement, et installé sous une petite coupole tournante.

3° Un cercle répétiteur vertical d'Ertel, qui, également placé sous une coupole spéciale, sert à l'instruction des élèves de l'Université.

4° Enfin, à l'époque de mon passage, M. Dorna faisait construire, sur une seconde tour du Palais-Madame, une coupole hémisphérique destinée à recevoir une grande lunette équatoriale. Provisoirement, elle doit renfermer une lunette parallactique de 117 millimètres d'ouverture avec une distance focale de 1^{m},82. Cet instrument doit être employé par le docteur Charrier à des observations sur les protubérances solaires, faites suivant le programme de la Société des spectroscopistes italiens. Des spectroscopes sont déjà acquis, et l'hiver ne se passera pas sans que cette série de recherches ne soit commencée.

Les efforts que fait depuis plusieurs années M. le professeur Dorna, pour doter son observatoire d'instruments plus parfaits que ceux que Plana avait acquis en 1820, vont donc être couronnés de succès, et l'établissement du Palais-Madame prendra dans l'astronomie pratique l'importance que lui assignent le mérite de ses astronomes et les goûts scientifiques de la ville où il est situé.

En terminant ces courtes notes, je dois, Monsieur le Ministre, chercher à formuler en quelques lignes les réflexions que me suggère la visite de ces nombreux établissements, car on jugerait mal de leur importance par l'énumération seule des instruments qu'ils possèdent : il ne suffit pas, en effet, qu'un observatoire soit pourvu de lunettes puissantes ou imposantes par leur masse; il faut encore que ces lunettes soient employées par des astronomes instruits, ardents pour l'étude, jouissant de la sécurité et du contentement moral sans lesquels il n'y a point de travail possible, et n'ayant d'autre passion que celle de se faire un nom dans la science.

Sous tous ces rapports, Monsieur le Ministre, les observatoires d'Italie laissent à leur visiteur, je suis heureux de le constater, l'impression la plus satisfaisante.

La transparence du ciel du midi, jointe aux bonnes qualités optiques d'instruments dont quelques-uns, comme les équatoriaux de Palerme et du Collége Romain, sont célèbres dans le monde entier, permettent d'atteindre à des résultats presque inespérés : à Milan, par exemple, M. Schiaparelli observe constamment le satellite de Sirius, qui n'a été vu à Paris qu'à de rares intervalles, et avec le secours d'un instrument d'ouverture infiniment plus grande, le télescope de 80 centimètres.

L'indépendance réciproque des divers établissements n'exclut pas, nous l'avons vu à propos des études spectroscopiques, une alliance cordiale pour faire avancer la science, écarte les difficultés de personnes et engendre une émulation féconde. Dans l'intérieur de chaque observatoire, la même indépendance existe entre les divers astronomes et produit les mêmes heureux résultats. Partout règne cette ardeur au travail dont l'Italie, depuis qu'elle a repris sa place légitime parmi les grandes nations de l'Europe, offre, dans toutes les manifestations de l'activité intellectuelle, l'encourageant spectacle. Grâce à cette ardeur universelle, aucun instant n'est perdu : chaque jour amène un nouveau progrès, et l'astronomie italienne, un moment languissante, reconquiert avec une rapidité merveilleuse le rang qu'au début du XVIIe siècle les travaux de Galilée lui avaient assuré.

Veuillez, Monsieur le Ministre, agréer l'hommage de mon plus profond respect.

G. RAYET,

Chargé du cours d'astronomie physique à la Faculté des sciences de Marseille.

Paris, 4 novembre 1875.

www.ingramcontent.com/pod-product-compliance
Ingram Content Group UK Ltd.
Pitfield, Milton Keynes, MK11 3LW, UK
UKHW031057260726
13965UKWH00006B/2191